AF603584

UN MOT

SUR

L'AGRICULTURE,

PAR

M. P.-A. DE BARRUEL DE BEAUVERT,

AGRICULTEUR A LA TREMBLADE,

(*Charente-Inférieure.*)

MARENNES,

IMPRIMERIE DE J.-S. RAISSAC.

1841.

Marennes le 10 Avril 1841.

Quelque soit le respect que m'inspirent le talent, la science, le génie même de nos publicistes et de nos hommes d'état, je ne puis m'empêcher d'élever ma faible voix pour me plaindre de l'oubli et de l'abandon où se trouve plongée l'agriculture depuis si longtemps, ce qui constitue pour cet art un véritable état de torpeur si nuisible à mon pays.

Lorsqu'une nation est arrivée au point de la perfection gouvernementale de notre patrie, on doit le reconnaitre, nos grands diplomates, nos habiles généraux, nos savans jurisconsultes, notre magistrature si distinguée par son érudition et par son intégrité, forment tous des corps essentiels à la grandeur, à la majesté et à la réputation universelle de la France : mais en même temps, on doit le reconnaître aussi, l'agriculture, cet art le premier de tous, qui seul fait la force la puissance et la richesse d'une nation, hélas ! il faut le dire, cet art si honorable, est négligé, délaissé, abandonné, méprisé même ; car il ne conduit ni à la fortune ni aux honneurs, seul but auquel visent les 99 centièmes des hommes.

La richesse immense du sol de notre patrie nous rend donc à elle seule riches malgré nous !..... Mais qu'ariverait-il si des encouragemens sérieux étaient répandus sur cette classe d'hommes spéciaux, qui modestement et sans bruit travaillent pour tous, mais ne savent ni écrire ni parler? Qu'arriverait-il si beaucoup de millions étaient employés chaque année à l'amélioration de l'industrie agricole? Qu'arriverait-il si l'état provoquait le défrichement des 15 millions d'hectares de terrains incultes qui couvrent nos départemens? Oh! il arriverait une grande révolution! dans dix ans la France aurait un revenu de 200 millions de plus et une augmentation de population de 6 millions d'âmes.

Toutes les administrations militaires ou civiles, tous les corps constitués sont assujettis chaque année à des inspections périodiques qui éclairent l'administration supérieure sur l'état de la subdivision infinie de ce grand réseau ; mais l'agriculture ne subit aucun contrôle ; elle n'a aucun inspecteur, elle vit et se perfectionne comme elle le peut, et malgré la sollicitude du gouvernement qui lui a créé un ministère spécial, elle n'en existe pas moins comme une branche très inférieure de ce grand arbre qui se nomme l'Etat, et cepedant c'est l'agriculture qui nourrit la nation, elle l'abreuve aussi, la vêtit, lui procure toutes les commodités de la vie, c'est encore l'agriculture qui fournit à l'Etat ses flottes militaires et marchandes ; c'est encore l'agriculture qui livre au commerce et aux arts ces myriades de produits, si riches, si utiles et si précieux, enfin elle est la base d'un immense commerce d'exportation. Il serait facile de développer infiniment plus toute l'importance d'une industrie si étendue, mais ce que je viens de dire suffira pour ouvrir le champ aux réflexions.

Examinons un instant à combien s'élèvent les sommes qui annuellement sont distribuées par nos législateurs à l'agriculture proprement dit. Lui est-il accordé 50 millions ? Moins, alors est-ce 30 qui figurent au budjet ? Moins encore. Sans doute c'est 20 ? Oh ! Moins encore, car c'est à peine 5 par an ! Combien de récompenses nationales sont donc accordées à ces modestes, tranquilles et laborieux hommes, qui chaque jour se lèvent à trois heures du matin, se couchent à dix du soir, parcourent leurs champs et leurs chantiers sans relâche d'un bout de l'année à l'autre et quelque temps qu'il fasse, consacrent souvent des sommes élevées à l'amélioration des bestiaux et à celle des cultures et vont chèrement recueillir dans des contrées éloignées une science qui n'existe pas encore en France, rapportant de ces pays lointains des animaux Types pour la reproduction, ou des plantes qu'ils ont payés au poids de l'or ? Certes on le sait, il serait facile de compter ces récompenses, elles couvrent en France la poitrine de cinq ou six hommes et cependant les agriculteurs sont à la nation entière dans la proportion de 7 à 10.

Mais il faut le dire, les agriculteurs à bien peu d'exceptions près vivent tous sur le sol qui les a vus naître et les issues des palais et des ministères leur sont inconnues, conséquemment ils ne demandent rien et ils n'obtiennent rien ; mais s'ils ne demandent rien, si toute leur vie se consume en travaux ardus et peu ambitionnés par ces hommes élégans, qui se croiraient dégradés ou morts s'ils respiraient toute une année l'air d'une ferme, en méritent-ils moins de la patrie! Oh! non sans doute, car ces hommes paisibles dont la masse est si compacte, n'ont jamais fait d'émeutes, ni de révolutions ; ils sont au contraire le plus solide appui de tout gouvernement sage et raisonnable, eux seuls paient les 9 dixièmes de l'impôt du sang et chez eux ne se trouvent jamais ces parasites consommant sans produire, comme il en existe par milliers dans les grandes villes. Chaque habitant des champs est utile à la société. Depuis le directeur instruit et habile qui dirige une grande exploitation jusqu'au plus jeune des pâtres, chacun occupe dignement le poste que ses capacités lui assignent. Ils concourent tous à la grande œuvre. Il ne leur manque que l'appui des hommes éclairés ou puissans, mais je dois le dire, cet appui leur manque totalement ou à peu près et si de loin en loin quelques hommes distingués montrent de la sollicitude pour l'industrie agricole, ces hommes sont beaucoup trop rares et leurs efforts n'agissent que sur des points isolés. Il faudrait de la part du gouvernement et des législateurs une ferme volonté pour rendre l'agriculture le premier des arts et cette volonté ne s'est jamais manifestée. Entre le cultivateur et le gouvernement il y a une distance immense. parceque la plupart des Maires ruraux sont des hommes insoucians, ou inhabiles, ou ennemis de tout ce qui est progrès. Les Sous-préfets quoique généralement fort inoccupés n'ont jamais le temps de penser à l'agriculture ; quant aux Préfets le plus souvent ils ne voient que par les yeux de leurs agents inférieurs et ils ont bien autre chose à faire que de correspondre directement avec les quelques agriculteurs lettrés ou assez audacieux pour oser s'adresser à M. le Préfet sans suivre la filière du Maire et du Sous-préfet.

A l'appui de mon assertion et pour prouver que l'agriculture, les agronomes en progrès et tout ce qui se rattache à cette industrie sont peu soutenus en France depuis long-temps, je citerai trois hommes qui ont succombé sous cette force d'inertie. L'un de ces hommes est M. Audry de Puiravault que je ne considérerai uniquement que sous le rapport agronomique et comme ayant été éminemment utile à notre département par ses grands travaux ruraux. Je ne m'occuperai aucunement de l'homme public, attendu que la politique est une science ou je n'entends rien et que les opinions de M. Audry ne sont pas les miennes. Le second de ces hommes est M. Le Terme qui a été pendant de longues années Sous-Préfet à Marennes. Enfin le troisième sera moi, qui depuis vingt ans m'occupe avec fruit de l'art agricole; mais comme depuis quatre années je me trouve en butte aux mille tracasseries de l'administration locale de La Tremblade, où existent un Maire, un Juge de Paix et un Commissaire de Police aussi intolérans qu'étranges dans leur manière de faire et qui m'ont causé tous les embarras imaginables, j'ai voulu mettre un terme à un tel état de choses et j'irai bientôt porter ailleurs une industrie dont un pays qui fournit de tels hommes n'est pas digne.

M. Audry possédait dans l'arrondissement de Rochefort de vastes propriétés. Il y a 30 ans, elles étaient dans un état presque complet de dégradation et d'improduction. Alors il fit planter en vignes une étendue de 300 hectares d'un terrain de très médiocre qualité qui ne donnait presqu'aucun produit. Le premier dans la contrée il fit cultiver ses vignes à la charrue, méthode parfaite où le bœuf est judicieusement substitué à l'homme; il fit venir vingt familles du Médoc, pays où ce mode de culture est usité. Peu d'années après M. Audry se trouva possesseur d'un domaine vignoble admirable par ses immenses produits et surtout parcequ'il subsistait là où peu de temps auparavant on ne voyait que des champs incultes. Personne dans la Charente-Inférieure n'avait encore songé à utiliser la tourbe et à l'employer comme combustible pour la fabrication de l'eau-de-vie. M. Audry qui possédait des marais où ne croissait qu'une herbe détestable et presque entièrement inutile, devina que ces marais devaient renfermer de la tourbe. Il les fit sonder, en trouva d'excellente et alimenta ses nombreux fournaux de distillerie avec ce nouveau produit. L'usage s'en est tellement répandu dans l'arrondissement que des terrains qui avant cette époque se vendaient 60 fr. l'hectare en valent aujourd'hui neuf mille! M. Audry a donc doté une partie de l'arrondissement de Rochefort d'une richesse immense; il a été ainsi le bienfaiteur de son pays, mais ce que l'on aura de la peine à croire, c'est que ce précieux exemple n'a pas été suivi dans les autres arrondissemens voisins qui possédent des marais tourbeux. Car dans celui de St.-Jean d'angély où il existe d'immenses marais de cette nature, dans celui de Saintes où il y en a également beaucoup et dans celui de Marennes où le canton de la Tremblade en offre d'assez grandes étendues, dans toutes ces localités il n'existe pas un seul homme qui ait pensé à cette importante richesse enfouie seulement à quelques décimètres de la surface du sol.

Voilà l'œuvre de M. Audry; elle suffit pour en faire un homme dont la mémoire doit être justement vénérée dans l'arrondissement qui lui a donné le jour, et cependant aujourd'hui ce vieillard est dépouillé de tout ce qu'il possédait, il porte sa tête blanchie par de grandes infortunes sur un sol étranger où il vit en proscrit ! Et quelles qu'aient pu être ses erreurs politiques, il n'en est pas moins aux yeux de tout homme impartial un digne citoyen, qui n'a eu que le grand, l'immense tort de succomber.

Entre la Charente et la Seudre se trouve un vaste bassin, qui avant les guerres de la Ligue formait la plus importante saline du monde. Le comblement du port de Brouage, l'exhaussement successif des alluvions du littoral avaient transformé ce bassin d'une étendue de quinze mille hectares en un vaste foyer d'émanations pestilentielles. L'hiver le terrain était couvert d'eau, au printemps cette eau disparaissait par le seul effet de l'évaporation due à l'élévation de la température; des plantes aquatiques et des myriades de grenouilles et d'anguilles chaque été se trouvant privées d'eau mouraient et entraient en décomposition; de là ces miasmes délétères qui jusqu'en 1810 et 1815 ont constamment décimé dans une proportion effrayante les populations voisines, notamment celles de Rochefort et de Marennes. Des fièvres endémiques faisaient pendant 6 mois de cruels ravages dans toute la contrée et l'on ne retirait presqu'aucun revenu des 15 mille hectares du marais. Le prix moyen de ces terrains n'excédait pas 60 fr. l'hectare.

Un homme pour le salut du pays fut nommé

Sous-Préfet à Marennes ; cet homme est M. Le Terme. Il conçut le projet si habile et si philantropique du dessèchement complet de cette immense étendue de terrain. Après un travail de vingt années pendant lesquelles ce grand et énergique citoyen mena l'existence la plus rude, faisant abnégation de sa vie qu'il exposa constamment en suivant pas à pas tous les travaux faits sur un sol où il n'y avait ni abri ni eau potable, après mille ennuis et mille désagrémens qu'il essuya de la part d'hommes qui auraient dû le protéger ou l'aider, il est arrivé à son but et aujourd'hui le marais en question est entièrement desséché ; de belles eaux vives le traversent dans tous les sens ; les eaux pluviales s'écoulent toutes ; partout on y voit de magnifiques fermes et chaque année dans les mois de juin et juillet il sort de ces marais 5 ou 6 milles bœufs qui vont alimenter la consommation parisienne. L'hectare de ces prairies se vend communément 16 à 18 cents francs. Les fièvres endémiques ont disparu. Il meurt chaque année 300 personnes de moins qu'avant les travaux ; Rochefort et Marennes sont dans un état de salubrité tout à fait normal, et tous ces immenses résultats sont l'œuvre d'un seul homme et cet homme est M. Le Terme, ancien Sous-Préfet à Marennes ! Sans doute les personnes qui ne connaissent pas ces faits s'imagineront qu'une statue au moins a été élevée à M. Le Terme et sur une des places de Marennes et sur une de Rochefort ; que dans son arrondissement il y jouit d'une vénération générale et parfaite ; malheureusement rien de tout cela n'existe : M. Le Terme un jour osa examiner les opérations du commerce des sels de Marennes, il crut s'apercevoir que les négocians achetaient à une mesure et vendaient à une autre. Dès ce jour une guerre sourde lui fut déclarée et dès ce jour mille ennemis vinrent l'accabler. Il avait osé attaquer l'arche sainte, l'intérêt des puissans et des gros du pays! mais que M. Le Terme se console ; une poignée d'hommes peu bienveillans et bien injustes pour lui, est loin de former la majorité de l'opinion publique sur son compte. Il est vénéré par les hommes consciencieux, et dans vingt-ans, je le lui garantis, il lui sera élevé une statue sur la place principale de Marennes. Mais aujourd'hui qu'a donc gagné M. Le Terme à une œuvre si admirable? Est-il devenu Préfet ou Conseiller d'Etat ? Non certes, il n'est tout simplement que chef des bureaux du secrétariat général au ministère de l'intérieur !

Voilà encore un de ces facheux exemples qui prouvent que les honneurs et la fortune ne sont pas toujours dévolus à ceux qui les méritent. Après avoir cité deux hommes à qui deux arrondissemens doivent une si grande reconnaissance il y a presque de l'audace, au moins une grande présomption à venir me citer moi-même comme ayant fait quelque bien. Je supplie le lecteur de ne pas trouver mauvais le sentiment qui me fait agir ainsi, mais je dois à l'honneur de mon nom, à ma réputation et à ma jeune famille, de me produire au grand jour tel que je suis. Après avoir été odieusement calomnié, après avoir éprouvé les mille ennuis, qui par le fait d'hommes peu consciencieux sont venus m'atteindre, ce devoir, je le répète, est impérieux pour moi et je ne dirai au surplus rien que je ne prouve ou ne puisse prouver. Cependant avant de raconter ce qui m'est personnel, je suis bien aise de trouver l'occasion de placer ici deux articles que j'ai publiés il y a quelques semaines dans le *Journal de Marennes*. Ces articles me semblent renfermer des idées qui peuvent être utiles à mon pays, je les soumets donc à mes lecteurs avec cette pensée, que s'ils ne font pas de bien au moins ils ne feront pas de mal.

PENSÉES

D'UN AGRICULTEUR. — MAUX PRODUITS PAR L'ÉTAT ACTUEL DES CHOSES. — REMÈDES AUSSI SIMPLES QUE FACILES. — RÉSULTATS ÉTONNANS QUI SERAIENT OBTENUS.

Ce qu'il y a de plus simple, de plus aisé, de plus utile, est souvent ce dont nous nous occupons le moins. Une découverte de nature à changer la face du monde se fait-elle ? On est excessivement surpris de n'y avoir pas songé plutôt ! Telle est pourtant la vérité surtout dans l'espèce dont je vais parler.

Il existe sur le sol entier de la France, au moins quatre millions de chiens, ce qui ne fait que cent huit par commune, et mon chiffre est au-dessous de la vérité.

Chaque chien mange en moyenne une quantité de grain, abstraction faite de toutes autres substances que je néglige, au moins égale au quart de celle que consomme chaque homme adulte.

Il est reconnu que la consommation moyenne d'un homme s'élève à quatre hectolitres de grain par an.

Conséquemment celle des quatre millions de chiens qui peuplent la France n'est pas moindre de quatre millions d'hectolitres de blés divers, que raisonnablement on ne doit pas évaluer au-dessous de soixante millions de francs.

Il est reconnu que le virus de la rage n'est permanent que chez la nombreuse famille des chiens et que cette maladie affreuse ne se développe spontanément et sans causes connues, ni prévoyables que chez les seuls animaux de ce genre.

Il est également reconnu que chaque année il meurt en France au moins trois cents personnes atteintes de cette horrible et désastreuse maladie nommée hydrophobie dont les accidens sont toujours causés par des morsures de chiens enragés.

Il est certain qu'indépendamment des sinistres humains, chaque année il meurt aussi en France un nombre considérable d'animaux, victimes également de la morsure des chiens hydrophobes.

Il est certain qu'il y a en France une administration dite des haras qui coute annuellement des millions et qui n'a pas atteint le but proposé puisqu'à la moindre prévision d'une guerre, nous n'avons pu trouver sur notre propre sol la moitié, le tiers même des chevaux d'armes demandés par le gouvernement.

Il est certain enfin, que malgré les efforts de Buffon, de Daubenton, de Tessier, de Ternaux, de Mathieu de Dombasle et d'autres citoyens moins connus, les races diverses des animaux domestiques sont bien loin d'être rendues dans notre patrie au point de perfection où un simple fermier Anglais, Bakewell, les a poussées dans la sienne.

Tous ces faits sont incontestables ; mais à côté des maux, voici les remèdes : il faudrait par une loi frapper tous les chiens d'un impôt annuel et par tête de quinze francs.

Il arriverait aussitôt que trois millions de chiens seraient détruits. Les receveurs de l'impôt direct auraient un rôle spécial pour cette perception qui se ferait sur la déclaration des maîtres des animaux qui chaque année seraient tenus d'aller la renouveler chez les maires de leurs communes, sous peines de 50 fr. d'amende par chaque chien existant sans cette formalité.

Cette perception ne coûterait que les remises peu élevées attribuées aux agens du trésor, les amendes demeureraient au profit des communes.

L'impôt dans chaque département serait versé chez le Receveur-Général.

L'administration départementale ordonnerait chaque année la répartition de toute la somme existante, entre tous les arrondissemens et au prorata de leur importance, calculée sur le nombre des habitans. Immédiatement le Sous-Préfet assisté de tous les maires de son arrondissement et de deux agriculteurs délégués et choisis dans chaque commune par les conseillers municipaux, devraient en assemblée et à la majorité des voix, procéder à l'emploi de la somme totale qui aurait été attribuée:

1° En achetant des étalons de toutes les races d'animaux domestiques;

2° En donnant des primes à ceux qui présenteraient les plus beaux produits en élèves de toutes les espèces d'animaux domestiques dans l'ordre de mérite suivant: Chevaux et jumens, taureaux, bœufs et vaches, baudets, mulets et mules, béliers moutons et brebis, chèvres et boucs exotiques, porcs et truies, enfin ânes et anesses. L'on devrait aussi s'entendre avec la direction du jardin des plantes pour se procurer quelques individus d'animaux non encore domestiques et qui un jour devront le devenir. Il y a trois ou quatre sortes de quadrupèdes et un nombre considérable d'oiseaux de basse cour, de parcs ou d'étangs dont il serait facile de tirer parti.

3° Enfin en réparations des chemins communaux et vicinaux.

Chaque année la somme entière des recettes devrait être employée. Il arriverait des époques où les arrondissemens auraient des étalons à vendre, alors le préfet annoncerait à l'avance une vente publique et générale de tous les étalons du département qui seraient conduits au chef-lieu de la préfecture et vendus aux enchères. Le produit net total serait immédiatement partagé entre les arrondissemens toujours en proportion de leur importance. Cette nouvelle recette serait employée comme il a été dit ci-dessus de l'impôt annuel ordinaire.

Voici maintenant les surprenans résultats qui seraient obtenus d'un tel ordre de choses:

1° La destruction des trois quarts des chiens qui existent aujourd'hui amènerait une économie annuelle de plus de 45 millions de fr. économie qui toute tournerait au profit des classes pauvres.

2° Au lieu de voir chaque année au moins trois cents personnes mourir de l'hydrophobie, on peut assurer qu'il n'en périrait plus cinquante.

3° On n'éprouverait presque plus de sinistres chez les animaux domestiques, qui en si grand nombre aujourd'hui sont mordus par des chiens enragés.

4°. Au moyen de la somme considérable qui annuellement serait employée par de véritables cultivateurs, qui tous connaîtraient parfaitement les besoins et les ressources de leurs localités, les races chevalines et bovines seraient merveilleusement améliorées et surtout infiniment mieux que par l'administration des haras dont avant six ans on pourrait décharger les contribuables, ou au moins la singulièrement modifier.

5°. En cas de guerre l'état trouverait immédiatement vingt mille chevaux de 4 ans qui tous seraient véritablement faits pour être des chevaux d'armes, ce que le produit de l'administration des haras est loin de nous donner, car cette administration au lieu de s'éclairer des lumières locales qui lui auraient fait adopter depuis longtemps un autre système, ne cherche qu'à faire produire en France des chevaux de luxe et des chevaux de race, avec lesquels on franchit très bien les haies et les fossés, mais avec lesquels on ne peut pas monter un cuirassier, ni même un dragon ; et que l'on ne vienne pas me dire que je suis dans l'erreur, il ne faut que se donner la peine de lire tous les journaux depuis qu'il est question d'armement.

6°. Enfin avant peu les communes auraient au moyen de cette loi d'impôt un revenu assez notable qui les mettrait en mesure d'en appliquer une partie à l'entretien des chemins communaux pour lesquels la loi de la prestation en nature paraît insuffisante.

Je désire donc bien vivement que mes idées soient sérieusement examinées par nos législateurs et nos administrateurs et j'ai la conviction intime qu'en les modifiant avec habileté et en les mettant à exécution avec la force entière du principe on rendrait à la France un service immense.

Si l'on veut en effet remarquer combien est énorme le nombre des chiens qui existent sur le sol de la France, combien leur consommation quotidienne est considérable, combien l'état de l'agriculture est souffrant, combien nos produits en chevaux d'armes sont médiocres et insuffisans, combien il meurt chaque année d'individus hydrophobes, on verra que la loi que je demande de toute la force de mon âme est une des plus patriotiques et philantropiques qui jamais aurait été faite.

A ce sujet j'appelle l'attention du public et surtout des médecins sur un moyen qui paraît infaillible pour guérir de la rage, moyen dont j'ai moi-même fait usage avec succès en 1838. J'ai vu dans le journal *l'Audience*, du 11 octobre dernier que M. le comte Léonisa, médecin à Padoue, avait guéri un malade atteint d'hydrophobie en lui faisant boire beaucoup de vinaigre, moyen que le hasard avait indiqué à un pauvre homme d'Udine en Frioul aussi atteint de la rage qui par méprise avala une bouteille de ce liquide au lieu d'un remède qui lui avait été préparé. Le malade du docteur Léonisa et le pauvre homme d'Udine ont été radicalement guéris par ce moyen si simple et si facile.

Quant à moi, en 1838 j'eus trois truies mordues par un chien enragé. La maladie se déclara chez toutes les trois. Je fis boire du vinaigre à deux, je leur fis respirer un air saturé de la vapeur du vinaigre bouillant, pendant plusieurs jours et au bout d'une quinzaine de ce traitement elles étaient guéries. La troisième mourut parceque je l'avais soignée par un autre moyen et que faisant une expérience, je voulais voir quelle serait la meilleure méthode. J'avais été conduit à employer celle du vinaigre et de la vapeur de ce même liquide en ébulition parceque j'avais lu qu'en 1777 M. Beudon, chirurgien au grand Andely, avait guéri des animaux enragés en procédant au moyen de la vapeur du vinaigre bouillant à l'extérieur et en administrant intérieurement de fortes quantités de vinaigre froid. Ce fait précieux est raconté par le docteur Andry qui l'a publié dans ses recherches sur la rage, insérées dans les mémoires de la société de médecine 1778. Je n'ai donc pas le mérite de l'invention, mais je crois très utile de rappeler nos cures merveilleuses, qui jointes à celles signalées par M. le docteur Comte Léonisa devront faire autorité.

Marennes le 6 février 1841.

LA PATRIE EST EN DANGER !

Conseillers municipaux, conseillers d'arrondissement, conseillers généraux, préfets, ministres, députés et pairs de France, la patrie est en danger ! Laissez de côté un instant, je vous en supplie vos préoccupations politiques, négligez cette science qui peut fort bien faire la fortune de quelques hommes, mais qui assurément ne fait pas seule le bonheur de de la nation : ce n'est pas la politique dont aujourd'hui malheureussment chacun veut se mêler, qui peuple les états, ce n'est pas la politique qui active le commerce, ce n'est pas la politique qui féconde le sol et remplit les coffres du gouvernement ; car au contraire elle les vide, fait couler beaucoup de sang et détourne des esprits capables des spéculations d'économie sociale pour les pousser dans un tourbillon, gouffre affreux qui engloutit tout.

Oui, la patrie est en danger, parceque l'agriculture est délaissée, abandonnée, méprisée, la patrie est en danger parcequ'une portion de la population fuit lâchement nos campagnes incultes ou mal cultivées pour aller dans les villes courir après la fortune, chimère que peu atteignent et les malheureux une fois arrivés dans ces grands et pernicieux foyers de corruption, la plupart y vivent dans la misère, le chagrin, le désespoir et le vice ! De là les émeutes, la fermentation publique et tous les crimes qui en résultent !

La vie des campagnes, cette vie agreste qui seule fournit des hommes sobres, vigoureux et courageux est délaissée, la paresse, l'orgueil, le luxe et l'ambition la font abandonner pour celle des villes où des hommes égarés et sans raison se hâtent d'aller prendre part à ce grand banquet diabolique où l'on ne se nourrit et s'abreuve que de poison, où toutes les mauvaises passions s'élaborent et où n'assistent, à l'exception de bien peu d'élus, que des déceptions plus ou moins grandes.

Il en est temps encore législateurs ! votez des lois qui peuplent les champs, faites que l'agriculture soit le premier des arts, dépensez des millions pour la rendre florissante, elle vous les paiera au centuple. Que d'hommes dans les villes qui n'y ont qu'une existence précaire et souvent honteuse : hommes instrumens ou victimes des passions politiques, lèpre sociale qui consomme sans produire ; faites par de bonnes lois déverser ce trop plein dans les campagnes ; faites rechercher ce trésor immense enfoui à la seule profonfondeur du soc sur toute l'étendue de la France, pays le plus fertile du globe ; faites améliorer les cultures actuelles ; faites défricher et mettre en rapport 15 millions d'hectares de terrains vagues en bruyères, marais ou landes ; encouragez *par des mesures entières* et bien entendues l'amélioration des races d'animaux domestiques ; faites réparer les chemins communaux dont les 9/10 sont impraticables pendant six mois de l'année ; faites s'il le faut moins de chemins de fer et davantage de routes de grande vicinalité ; faites une loi qui punisse celui qui se rendra coupable de laisser son héritage inculte ou mal cultivé ; rendez ce délit justiciable d'un tribunal composé des conseillers municipaux, présidés par les maires, que le même tribunal soit déclaré apte à prononcer une pénalité contre le cultivateur qui sur la notoriété publique serait convaincu de passer habituellement son temps au cabaret, où il ruine sa santé, sa famille et cause ainsi un préjudice notable à la société.

Le code pénal punit un voleur qui a dérobé un objet quelconque à autrui et il demeure impuissant devant l'homme qui vole la portion de travail qu'il doit à sa famille et à la société ! mais il n'y a pas justice, pour tous dans un tel ordre de choses, et que l'on ne vienne pas dire que je pousse mon raisonnement trop loin, car de même qu'il y a une foule d'individus qui n'ont de la probité que par la crainte que leur inspire la loi, de même il y aurait 90 paresseux ou fainéans sur cent qui travailleraient, si la loi les y obligeait et je vous en supplie, que produit la paresse dans nos campagnes et partout ? Elle produit et conduit à tous les vices, et les prisons et les bagnes regorgent de condamnés qui n'auraient jamais paru devant la justice si des lois sages les avaient forcés au travail.

Nos progrès en agriculture depuis 25 ans sont bien moindres qu'on ne le pense. Depuis 60 ans on se récrie sur le mauvais système des jachères et ce système ridicule et surtout pernicieux existe encore dans les 95/100mes de la France. Où sont nos perfectionnemens des races animales ? Ils sont presque nuls. Ne voulait-on pas naguère introduire en France des bestiaux étrangers pour la consommation ! et ne sommes-nous pas forcés chaque année de tirer pour des sommes énormes de soie, de cuirs et de laines exotiques ? Tout dernièrement enfin n'a-t-il pas fallu s'adresser à nos voisins pour remonter notre cavalerie ? N'est-il pas inconcevable que dans une année de récolte médiocre il nous faille aller chercher du blé en Italie, en Espagne ou sur les bords de la mer noire? En vérité si tous ces faits n'étaient pas aussi certains on n'y voudrait point croire.

Mais à quoi tient donc cette misère agricole? uniquement à cette seule cause, que sur les 37200 communes de France il n'y en a que 600 environ où la culture des racines fourragères et plantes sarclés soit établie, et tant que le gouvernement n'aura pas créé dans chaque département une ferme modèle de 300 hectares dirigée par un agriculteur de la nouvelle école et où se formeraient les jeunes cultivateurs du département, jamais on n'abandonnera l'ancienne méthode, méthode absurde et ruineuse s'il en fut. Au reste il est facile de voir ce que cet ancien système a de vicieux dans une année de pénurie de fourrages comme celle où nous sommes et où ils sont devenus non seulement très chers, mais encore fort rares. Dans nos contrées du sud-ouest où le foin vaut habituellement de 32 à 40 fr. les mille kilogrammes il se paie dans ce moment 120 à 140 francs la même quantité, et il résulte de ce renchérissement la baisse du bétail dans une proportion désastreuse qui n'est pas moindre de 50 à 60 pour cent du cours de l'an dernier à pareille époque. Mais à quoi tient donc cette rareté et cette hausse énorme des fourrages? Uniquement à l'oubli que les 95 centièmes des cultivateurs font des racines fourragères qui, sans le malheureux préjugé existant dans nos campagnes, offriraient de si immenses ressources pour l'alimentation du bétail en même temps qu'elles prépareraient merveilleusement les terres pour obtenir de meilleures récoltes de céréales.

La pierre d'achoppement se trouve donc entièrement dans le préjugé populaire *qui a décidé que toute innovation en agriculture était ruineuse ou au moins ridicule*. De là les moqueries peu sensées et souvent grossières des cultivateurs de l'ancienne routine ; de là mille dégoûts dont on abreuve l'agriculteur en progrès ; mais que l'on ne pense pas que cette fatale prévention existe seulement dans les campagnes : il y a dans les villes des hommes riches, instruits et grands propriétaires qui refusent de louer leurs terres à des cultivateurs, *Messieurs habillés en drap fin*, et qui ne veulent souffrir aucun changement d'assolement sur leurs domaines.

Il est certain que de tels préjugés ne peuvent être déracinés que par l'emploi d'une force supérieure et le gouvernement seul peut et doit prendre l'initiative.

Hâtez-vous donc législateurs de toutes les classes, employez votre énergie à créer 86 fermes modèles où l'éducation agricole du pays devra s'effectuer, confiez ces 86 directions à des hommes jeunes, actifs et habiles joignant la théorie à la pratique, et avant dix ans la France aura atteint un degré de richesse et de puissance immense. Ce résultat ne saurait être douteux pour qui voudra ouvrir les yeux ; mais qui veut la fin doit vouloir les moyens et je vous le dis en vérité il n'y a pas un instant à perdre pour se mettre à l'œuvre.

Cependant tout le mal n'est pas là, il en est un bien grand encore qu'il faudra guérir plus tard et auquel je consacrerai un prochain article. Je veux parler de la rareté du numéraire qui se fait ressentir dans les campagnes et de l'odieuse usure que *certains industriels privilégiés* ou banquiers des petites villes exercent sans frein et sans mesure. Le grand agiotage de la bourse n'influe pas peu non plus sur l'état de misère dont les habitans des champs souffrent tant. A bientôt donc pour examiner et flétrir ces deux lèpres sociales.

On vient de le voir, j'ai exprimé mes sentimens intimes. J'ai fait ma profession de foi agricole. Jeune encore, depuis vingt ans je m'occupe avec un zèle extrême d'une science qui dans mon esprit est la première de toutes. Dans les environs de Rochefort, au Breuil Magné, pendant dix années consécutives je me suis livré avec succès à mes travaux de prédilection et le certificat du maire de cette commune que je transcrirai tout à l'heure en entier est l'expression de l'exacte vérité. En laissant le Breuil je suis venu habiter la Tremblade en 1835 et là j'ai appliqué mon industrie au défrichement d'une propriété de 15 cents hectares que l'ex-Receveur des finances de Rochefort venait d'y acheter. Cette propriété était inculte. Je l'ai rendue productive. Je l'ai tirée du cahos. J'en ai fait une ferme modèle, une sucrerie importante s'y est établie. Seul j'ai fourni d'immenses quantités de betteraves. Le premier dans l'arrondissement j'ai fait pratiquer par les sauriers d'importantes extractions de la tourbe qui se trouve en assez grande quantité dans la commune. Enfin j'ai eu la satisfaction d'avoir pu donner du pain à un nombre très considérable de travailleurs dont la majeure partie était dans un état complet de dénuement.

Mais dès mon arrivée à la Tremblade une trinité malfaisante s'est élevée contre moi. Cette trinité était composée du Juge de Paix Rousseau, du Maire Tolluire, et du Commissaire de Police Reddon. En moins d'un an on m'a fait 22 procès verbaux, parceque je faisais travailler dans les champs le dimanche ; Le Juge de Paix me donnait droit au fond, mais me condamnait aux frais. Il m'était interdit de faire circuler mes attelages les dimanches et fêtes à la Tremblade quoique la seule rue de cette ville fût une route départementale conduisant à Marennes et à Saujon. Enfin on m'appela devant la cour suprême qui me donna gain de cause. Je fus assez audacieux pour publier dans les journaux l'arrêté du Maire Tolluire, qui pour moi faisait ressusciter la loi du 18 novembre 1814 sur les fêtes et les dimanches. Je publiai également la correspondance au moins bizarre de ce magistrat. J'osai raconter les jugemens de M le Juge de Paix Rousseau et enfin je rendis le public témoin et confident de mes doléances sur tous ces faits étranges, en lui racontant que le

Commissaire de Police Reddon allait dans mes champs y menacer de la prison mes nombreux ouvriers s'ils se permettaient encore de venir travailler chez moi des jours de fêtes et dimanches.

Il n'en fallait pas tant pour me faire trois ennemis capitaux de cette singulière trinité, et Sous-Préfet, Procureur du Roi, Procureur Général, Préfet enfin n'ont fait aucun cas des griefs que j'ai eu l'honneur de leur exposer. Dans mon esprit cependant tous ces faits méritaient quelque, réprimande, peut-être même davantage..... Mais mes antagonistes au lieu de s'être corrigés sont devenus pires que jamais.

Le 24 septembre 1839 M. le Ministre de l'agriculture écrivit au Préfet de la Charente Inférieure pour lui demander un rapport sur le bien et l'importance de mes travaux agricoles et M. le Maire Tolluire répondit au Préfet *que mes travaux étaient sans importance et de nul intérêt*. A cela je n'ai qu'un mot à dire, tout à l'heure je publierai le certificat de notoriété publique que je me suis fait donner à la Tremblade par six notables dont la majeure partie sont conseillers municipaux, et ce certificat sera un dur démenti aux méchantes paroles du sieur Tolluire.

Je serai meilleur chrétien que ces Messieurs, et quoiqu'ils affectent si ridiculement des sentimens de dévotion hors de saison et qui ne concordent guères avec leur conduite, surtout lorsque comme eux on a l'âme aussi méchante, je leur jetterai mon pardon ; ils ne sont dignes que d'un sentiment bien connu. Je vais laisser leur contrée où il me suffit d'avoir fait quelque bien, ce qui vient dans mon esprit compenser le mal qu'ils m'ont pu faire, et je prie Dieu de leur pardonner comme je le fais moi-même.

Il serait à souhaiter pour les nombreux ouvriers que j'ai employés à la Tremblade depuis six ans que je ne leur fisse pas faute et que les membres de cette administration locale voulussent pousser leur charité chrétienne jusqu'à donner à ces travailleurs nécessiteux un pain qu'ils n'auront plus de moi. Malheureusement les 20, 40 et même 80 personnes que j'ai occupées journellement jusqu'à ce moment iront en vain frapper à la porte de ces MM., qui m'ont fait fuir de leur pays, excédé que je suis de leur méchanceté, mais ils ne donneront rien à ces pauvres ouvriers dont la plupart sont sans pain! Voilà où auront conduit les procédés barbares et ridicules de trois fonctionnaires, qui pour satisfaire de mauvaises passions se seront peu souciés du mal qui retombe sur leur population et par leur seule volonté.

Voici le certificat du Maire de Breuil-Magné :

« Nous Maire de la commune du Breuil-Magné,
« arrondissement de Rochefort, département de la
« Charente-Inférieure, certifions pour valoir ce
« que de raison, que M. Philippe Auguste de
« Barruel de Beauvert a été propriétaire dans
« notre commune pendant un espace de dix années
« consécutives, qu'il y a constamment pratiqué
« l'agriculture, la sylviculture et l'arboriculture;

« qu'il est le premier qui se soit servi d'instru-
« mens aratoires perfectionnés, le premier qui ait
« cultivé en grand le colza, le blé noir, les bet-
« teraves, le ray grass d'Italie et la Farouche;
« qu'il a fait diverses plantations d'arbres de
« diverses sortes qui lui font honneur; nous cer-
« tifions de plus que pendant les dix ans qu'il
« a été notre administré de 1825 à 1835 nous
« n'avons eu qu'à nous féliciter des rapports que
« nous avons eus avec lui. Nous certifions aussi
« que pendant ce laps de temps il n'a pas in-
« tenté un seul procès à ses nombreux voisins
« et que ceux-ci ne lui en ont pas intenté un
« seul. Nous certifions également qu'il a été re-
« gretté par tous les habitans de notre commune
« lorsqu'il l'a laissée pour aller habiter la Trem-
« blade. Nous certifions enfin qu'il jouissait dans
« notre commune d'une considération méritée et
« qu'il a rendu de fréquens services à des ha-
« bitans génés.

Fait à la mairie du Breuil-Magné le 10 Janvier 1841.

Signé : *Le Maire*,

AYRAUD PÈRE.

« Vu par nous Sous-Préfet de l'arrondissement
« de Rochefort pour légalisation de la signature
« de M. Ayraud père, maire de la commune de Breuil-
« Magné.

Rochefort le 12 Janvier 1841.

Signé : VINCENS *Sous-Préfet*.

Voici l'acte de notoriété que j'ai fait faire pour donner un démenti formel au maire Tolluire qui n'a pas craint de déclarer *que des faits certains et positifs n'existaient pas* et qui s'est formellement refusé à me certifier l'existence de ces mêmes faits sous le prétexte *qu'ils n'étaient pas vrais* !!!

« Pardevant Me Pierre Henri Pougnard et son « collégue notaires à la résidence de la Trem- « blade, canton de ce nom, arrondissement de Ma- « rennes, département de la Charente-Inférieure, « soussignés, ont comparu M. Ch. Sixième Besson « docteur médecin, M. Jacques Bargeaud père, pro- « priétaire agriculteur, M. Pierre Charles proprié- « taire, M. Pierre Thomas Alexandre Menudier « propriétaire, M. François Chaumet propriétaire « et marchand et M. Emanuel Berthelin proprié- « taire et entrepreneur en bâtimens, tous les six « demeurant à la Tremblade lesquels ont certifié « et attesté pour vérité et notoriété que M. Phi- « lippe Auguste de Barruel de Beauvert, agricul- « teur domicilié depuis cinq ans dans la commune « de la Tremblade, s'y est le premier servi sur « une grande échelle d'un grand nombre d'ins- « trumens aratoires perfectionnés ; qu'il y a le « premier introduit la culture en grand de la « betterave à sucre, des carottes pour les chevaux, « de plusieurs sortes de navets, des topinambours, « du sarrazin, des colzas, de la caméline, de la « moutarde blanche, du ray grass d'Italie, de « la farouche et des choux fourrages, toutes plan- « tes qui n'avaient jamais été cultivées sur le sol

« de la commune avant M. de Beauvert qui y
« a également planté une quantité notable de
« muriers moretti, multicaules et ordinaires.

« Que c'est par l'effet des travaux agricoles de
« M. de Beauvert que des industriels sont venus
« fonder à la Tremblade au lieu dit La Ronce
« une usine pour la fabrication du sucre indi-
« gène, usine où fonctionne une machine à va-
« peur de 14 chevaux et deux générateurs de
« 70 chevaux chaque, laquelle usine pendant les
« deux premières années a travaillé avec les seules
« betteraves de M. de Beauvert ».

« Que M. de Beauvert a fait de grands travaux
« de déssèchement et de défrichement et qu'il a
« mis en rapport des terrains vagues où avant
« lui rien ne venait. »

« Que depuis 3 ans M. de Beauvert a fait de
« louables efforts pour le perfectionnement des
« chevaux, bœufs, mulets et porcs en introdui-
« sant à grands frais dans la commune des éta-
« lons choisis de tous ces animaux.

« Que dans un pays où le foin est rare et de
« médiocre qualité M. de Beauvert a constamment
« entretenu une grande quantité d'animaux de
« beaucoup d'espèces différentes, tous le plus
« souvent nourris avec des racines de diverses sor-
« tes cultivées par lui avec succès.

« Que l'exemple et l'impulsion donnés par M.
« de Beauvert ne peuvent être que profitables au
« pays où déjà se fait remarquer la culture de
« plusieurs végétaux utiles, inconnus avant lui

« Que le numéraire considérable que M. de « Beauvert a versé chez les travailleurs de la com- « mune a été depuis 5 ans très utile à cette por- « tion des habitans qui est nécessiteuse et dont il « occupait souvent un tel nombre, que depuis un an « que M. de Beauvert a cessé son administration de « La Ronce il est facile de remarquer une plus « grande misère parmi cette classe de travailleurs.

« Que la commune a dû considérablement ga- « gner par suite des travaux faits par M. de « Beauvert ou de ceux dont il a été cause, ce « qui se fait particulièrement remarquer cette année « où la rareté des foins a été avantageusement sup- « pléée par les carottes et autres racines fourragères.

« Enfin pour rendre hommage à la vérité les « comparans certifient et attestent encore que M. « de Beauvert est un agriculteur on ne peut plus zélé « et doué d'une grande activité qui ne peut qu'être « profitable au pays où il exerce son industrie.

« En conséquence les comparans ont requis « acte de ces déclarations et affirmations pour ser- « vir et valoir ce que de droit à M. de Beauvert.

« Dont acte fait et passé à la Tremblade en « l'étude le 29 janvier 1841 et lecture faite les « comparents et les notaires ont signé la minute « des présentes demeurée à Maître Pougnard et « au bas de laquelle est écrit enregistré à la « Tremblade le 30 janvier 1841 folio 47 recto « cases 5 6 et 7 reçu 2 fr. décime 20 centimes.

Signé : MARTINAUD.

Première expédition, POUGNARD notaire.

CONCLUSION.

Le journal l'*Écho du Peuple* de Poitiers dans ses numéros des 20, 27 février et 3 avril contient des documens curieux sur l'administration de la Tremblade. Mais ce qui ne l'est pas moins c'est une lettre écrite par le Maire Tolluire en *sa qualité de Maire*. Cette lettre est adressée à M. l'imprimeur Raïssac sous la date du 23 mars et elle le prévient qu'il lui retire ses *subsides* attendu qu'il prête ses presses à un homme qui l'injurie constamment!!! Il faut le dire les *subsides* de la mairie de la Tremblade sont donc destinés à empêcher un imprimeur de raconter des vérités, peut-être dures à digérer, mais qu'il faut savoir supporter *lorsque l'on s'y est exposé*. M. Tolluire le Maire ferait infiniment mieux de détruire mes accusations *par des faits péremptoires* que d'employer la voie du retrait des *subsides* de sa commune au détriment d'une presse *qui dira toujours vrai*.

Je termine en assurant à mes lecteurs que s'il y avait en France beaucoup de Maires comme le sieur Tolluire, l'agriculture serait tout à fait aux abois.

A. DE BARRUEL DE BEAUVERT,

AGRICULTEUR.

Marennes, imp. de J.-S. Raissac.

www.ingramcontent.com/pod-product-compliance
Ingram Content Group UK Ltd.
Pitfield, Milton Keynes, MK11 3LW, UK
UKHW021030260726
13994UKWH00005B/2055

9 782329 401072